SALARIYA

World of Wonder Living World © The Salariya Book Company Ltd 2008
版权合同登记号· 19-2015-049

图书在版编目（CIP）数据

神奇的生物世界——探索生物之最的秘密/（英）杰拉德·齐西尔著；（英）珍妮特·贝克等绘；黄丹彤译. —广州：新世纪出版社，2017.11（2019.8重印）
（奇妙世界）
ISBN 978-7-5583-0752-2

Ⅰ. ①神… Ⅱ. ①杰… ②珍… ③黄… Ⅲ. ①生物—少儿读物 Ⅳ. ①Q-49

中国版本图书馆CIP数据核字（2017）第200947号

神奇的生物世界 —— 探索生物之最的秘密

Shenqi de Shengwu Shijie——Tansuo Shengwu zhi Zui de Mimi

出 版 人：姚丹林
策划编辑：王 清 秦文剑
责任编辑：秦文剑 黄诗棋
责任技编：王 维
封面设计：高豪勇

出版发行：新世纪出版社
　　　　　（广州市大沙头四马路10号）
经　　销：全国新华书店
印　　刷：广州一龙印刷有限公司
规　　格：889mm×1194mm　　　开　本：16 开
印　　张：2　　　　　　　　　　字　数：14 千
版　　次：2017年11月第1版　　　印　次：2019年8月第2次印刷
定　　价：28.00元

质量监督电话：020-83797655　购书咨询电话：020-83781537

神奇的
生物世界
—— 探索生物之最的秘密

[英] 杰拉德·齐西尔◎著　　[英] 珍妮特·贝克 等◎绘　　黄丹彤◎译

SPM
南方出版传媒
新世纪出版社
·广州·

文字作者：

　　杰拉德·齐西尔是多部自然历史著作的作者，过去20年致力于写作和编辑，负有盛名。

绘画作者：

　　珍妮特·贝克（JB插图公司），马克·伯金，约翰·弗兰西斯，尼克·休伊特森，帕姆·休伊特森，李思东，艾美莉·梅尔，特里·莱利，卡罗琳·斯格瑞斯。

抹香鲸

神奇的生物世界

——探索生物之最的秘密

目 录

热带雨林

为什么说生物世界很神奇？

我们生活的世界有着各种各样神奇的生物。迄今为止，科学家已经发现了约170万种物种，它们形态各异，大小不同，颜色不一，生活习性更是迥异。这个世界若没有这些纷繁复杂的动植物存在，我们人类就无法生存。

雨林是地球上拥有最丰富物种的生态区域。每一年，雨林里都有新的物种被发现。

地球上体形最大的生物是什么？

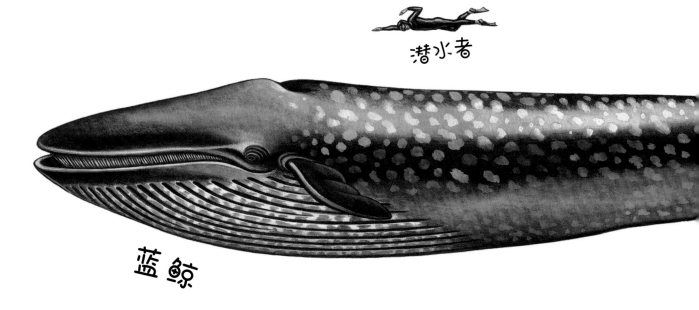

潜水者

蓝鲸

蓝鲸是地球上体形最大的生物，连体形巨大的恐龙也比蓝鲸要小。蓝鲸生活在海里，海水的浮力帮助支撑了蓝鲸自身的重量，使它能够在海里畅游。蓝鲸长可达33米，重约180吨。

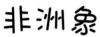

网纹蟒

网纹蟒是世界上最长的蛇，最长可达到12米。

是对还是错？

大多数细菌都无法用肉眼看到，要在显微镜下才能观察到。这句话对吗？

（答案见第31页）

非洲象

非洲象是陆地上现存体形最大的动物。它体形庞大笨重，能把树皮和树枝从树干上撕扯下来。非洲象的胃非常大，能够同时消化大量的植物。庞大的体形让非洲象不惧野兽的攻击，连狮子和鬣狗面对它都要退避三舍。

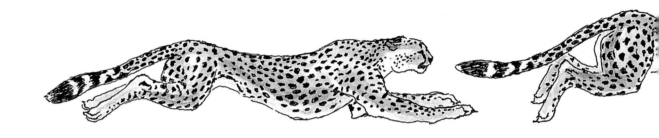

地球上速度最快的动物是什么？

陆地上速度最快的动物是猎豹。猎豹的猎物主要是羚羊等跑得快的植食性动物，所以猎豹自己也要跑得很快。这种大型猫科动物的最高时速可达到113千米，但是以这种速度奔跑最多只能持续一分多钟，之后就要减速休息。

游得最快的鱼是什么鱼？

旗鱼

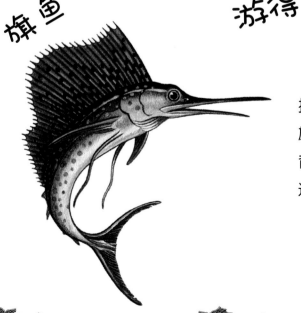

旗鱼是世界上游泳速度最快的鱼，捕猎时，旗鱼最高时速可达105千米。旗鱼游泳的时候，会放下长得像旗帜的背鳍，以减少阻力，使身体呈流线型，这样就可以在水里飞速前进了。

猎豹

速度的重要性

掠食动物以捕猎其他动物为生。有的掠食者是长跑健将，可以长时间追捕猎物；有的掠食者短跑速度飞快，喜欢埋伏在猎物附近，等到最佳时机再突然发动攻击。

虎鲸

虎鲸，又名逆戟鲸、杀人鲸，是游泳速度最快的海洋动物之一，最高时速约达50千米。虎鲸以海豹和鱼类为食，常常为了捕食在海里游上数千米。几乎在所有海洋流域都可见到虎鲸。

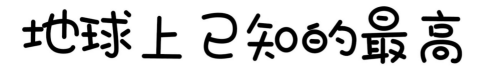

地球上已知的最高生物是什么？

腕龙是已知地球上曾存在的最高的动物之一。它高约12米，体长25米，重达30吨。

腕龙生活在大约1.5亿年前。高大的身躯使它能够轻松摘取树木最高处的树叶。

腕龙

另一种叫做波塞冬龙的恐龙估计比腕龙还要高。虽然目前科学家只找到几片波塞冬龙的颈椎标本，但是从仅有的标本就能大致推算出波塞冬龙大概的高度了。

是对还是错？

地震龙是目前为止发现的体长最长的恐龙。这句话对吗？

（答案见第31页）

地球上现存最高的动物是什么？

地球上现存最高的动物是长颈鹿。长颈鹿的高度大约是人类的3倍，最高可达到5.5米。长颈鹿长长的脖子使它们可以吃到大象和羚羊都吃不到的高处的树叶。

长颈鹿

与这些动物相比人类的身高有多高？

跟长颈鹿或者大型恐龙相比，人类简直是矮冬瓜。但是我们可以使用工具，比如梯子和起重机等，触碰到高处的东西。

地球上最致命的动物是什么？

不同的动物对人类造成不同的威胁。有些动物在叮咬人时释放毒素；有些动物传播疾病。世界上最致命的动物是蚊子，因为有些蚊子叮咬人后会导致人们患上疟疾，每年因疟疾而死亡的人数达100多万。

青蛙有毒吗？

人类和其他一些动物对某些青蛙的毒素没有抵抗能力。许多毒蛙外表鲜艳美丽，它们以此警示掠食者自己不适合作为食物。在南美洲的雨林，有一种外表美丽的青蛙叫箭毒蛙。那里的猎人很早就学会收集箭毒蛙体表的毒汁，涂抹在箭头上，用来捕捉猎物。

绿色和黑色相间的箭毒蛙

蚊子

蚊子针状的口器被称为喙，用来刺穿人类或动物的皮肤，吸食血液。由于人类的皮肤没有厚厚的毛皮或者鳞片覆盖，所以很容易被蚊子叮咬。

眼镜蛇

有多少人被蛇咬而致死？

全世界每年有成百上千人因为被蛇咬而致死。在热带国家，蛇常常溜进人们的屋子里。一旦有谁不小心踩到它们，或者打扰到它们，它们就会张开大口攻击对方。

是对还是错？

巴西漫游蜘蛛的毒性是世界上最强的。这句话对吗？

（答案见第31页）

13

地球上现存最古老的生物是什么？

狐尾松，产于美国南部，是世界上现存最古老的生物之一。有的狐尾松接近5 000岁了，并且仍然在生长。

树木每生长一年，树的主干上就会产生一个环，或者一个圈，这个环就叫做年轮。科学家可以通过树木年轮的数量来判断它的树龄。

通常来讲，寿命越长的动物和植物，生长速度越缓慢。

狐尾松

是对还是错？

地球上最古老的海洋生物的年龄是300岁。这句话对吗？

（答案见第31页）

地球上最古老的陆地动物是什么？

最长寿的陆地动物是巨型陆龟，它们的寿命长达200年以上。2006年，一只名为哈里特的加拉帕戈斯象龟去世，享年175岁。

巨型陆龟

据说，哈里特是科学家查尔斯·达尔文在1835年进行考察时带回英国的小乌龟。

世界上最高的树是什么？

加利福尼亚州的一棵海岸红杉是世界上最高的树之一，高达115.5米，大约是一个成年人身高的65倍。为了保护这棵海岸红杉免受游客的破坏，它生长的确切地点一直没有被公布出来。在森林里，最高的树得到的日晒是最多的。

海岸红杉

成年人

是对还是错？

美国花旗松最高可达99.4米，比自由女神像还要高。这句话对吗？

（答案见第31页）

世界上最大的花是什么？

泰坦魔芋花，又叫尸花，是世界上体形最大的花，属百合科，最高可达2.75米，宽1.2米。

世界上最臭的植物是什么？

泰坦魔芋花不仅体形最大，闻起来也最臭，像死鱼腐烂的味道。这种气味吸引了苍蝇前来采蜜，苍蝇在尸花之间飞来飞去，对花朵进行授粉，授了粉的雌蕾便结出果实。果实又吸引了鸟类前来摄食，从而传播了种子，土地因此生长出新的尸花。

泰坦魔芋花

世界上最大的昆虫是什么？

独角仙是世界上最大的甲虫，可长达17厘米。雄性独角仙头上有一个巨大的特角，用于跟同类争夺食物和配偶。独角仙生活在炎热潮湿的地方，在南美洲和中美洲的雨林地区都有分布。

世界上最长的昆虫是什么？

世界上已知的最长的昆虫是一只巨型竹节虫，它伸长腿后长达55厘米。巨型竹节虫一般都能长到30厘米长。

竹节虫有许多不同的品种，大多生活在炎热的地区，比如东南亚的雨林。竹节虫棍状的体型是绝佳的伪装。

藏在树丛中的竹节虫

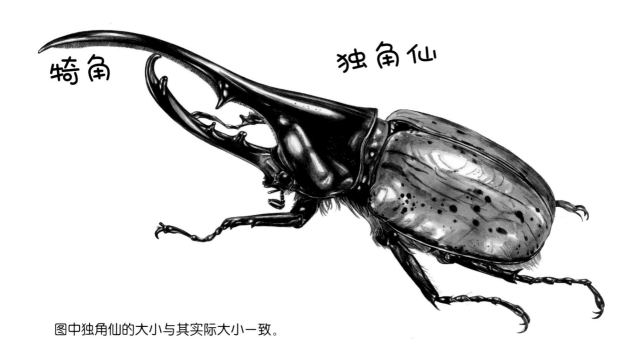

特角　　　独角仙

图中独角仙的大小与其实际大小一致。

是对还是错？

南美洲的巨型食鸟蜘蛛跟一个餐盘一样大。这句话对吗？

？　　　？

？　　？

（答案见第31页）

已知地球上曾出现的最大昆虫是什么？

已知地球上曾出现的最大昆虫叫巨脉蜻蜓，它的翅膀展开可达75厘米，生活在距今3亿年前。现在的昆虫没办法长那么大，因为现在空气中的氧气含量比巨脉蜻蜓生活的年代少。昆虫没有肺部，所以它们没办法像其他动物一样单靠呼吸来获取足够的氧气。

世界上最大的鸟是什么？

非洲鸵鸟是世界上身高最高、体重最重的鸟，高可达2.7米，重达130千克。其实，新西兰恐鸟和马达加斯加象鸟比非洲鸵鸟大得多，但是它们现在已经灭绝了。

鸵鸟

鸵鸟蛋

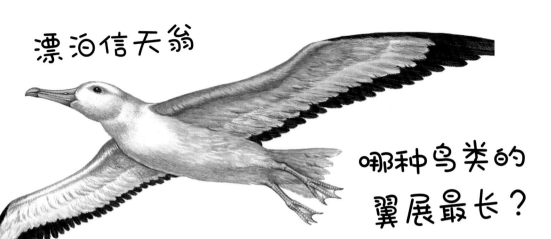

漂泊信天翁

哪种鸟类的
翼展最长？

生活在南冰洋的漂泊信天翁是翼展最长的鸟类，它双翼展开，从一端翼尖到另一端翼尖长达3米多。修长的翅膀赋予了漂泊信天翁非常好的滑翔能力，使它们能在海面上长时间飞翔而不用挥动翅膀，这极大地节省了它们所消耗的能量。

澳大利亚鹈鹕

哪种鸟类的
喙最长？

澳大利亚鹈鹕的喙是鸟类中最长的，已测量过的最长的喙达49厘米。这种鸟的体长可达1.8米，也就是说它的喙几乎占了体长的三分之一。

世界上最聪明的动物是什么？

人类理所当然地认为自己是地球上最聪明的动物。而第二聪明的动物是类人猿，比如大猩猩、猩猩、黑猩猩和倭黑猩猩。不过，许多动物在某些方面的能力比人类更强。

松鼠

猪

猿

海豚

松鼠有时候会假装在埋藏根本不存在的食物，欺骗其他动物。有些海豚会把海绵动物放在鼻头，以免被锋利的珊瑚刮伤。据说有的猪还很会玩电子游戏！

世界上脑袋最大的动物是什么？

鲸鱼和大象的脑比人类的还要大。人类的脑重约为1.5千克，而非洲象的脑重达7.5千克！但是，如果按照脑袋占身体的比例来算，那么人类的脑袋是最大的。

非洲象

抹香鲸

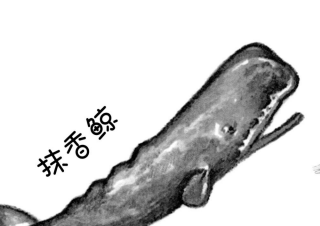

人类

人类是地球上唯一使用语言和文字来交流的物种；有的类人猿经过训练，也能使用简单的肢体语言。

是对还是错？

有的鸟类能用树枝把藏在树干里的虫子挖出来。这句话对吗？

（答案见第31页）

23

世界上牙齿最可怕的动物是什么？

抹香鲸的嘴部长而狭窄，遍布下颌的尖牙用于捕食乌贼和鱼类。抹香鲸是海洋中体形最大的肉食性动物之一，它的嘴部可长达5米。抹香鲸还捕食巨型乌贼，而巨型乌贼最长可达到12米。

抹香鲸

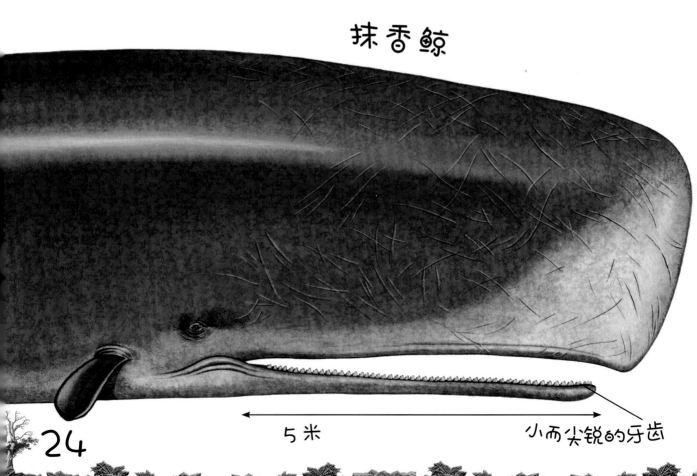

5米

小而尖锐的牙齿

是对还是错？

巨型乌贼的眼睛是世界上最大的。这句话对吗？

（答案见第31页）

獠牙还是牙齿？

河马有一张巨大的嘴，嘴里有两对十分吓人的獠牙，这些獠牙实际上是很长的犬齿。雄性河马的獠牙比雌性河马的獠牙更长，雄性河马用獠牙来跟同性相斗。河马虽然是植食性动物，但是攻击性非常强，特别是当它们觉得受到威胁时，会攻击人类，已经有人因此受伤，甚至死亡了。

河 马

獠牙

世界上面临灭绝危险的物种有哪些？

黑犀牛

黑犀牛是世界极危物种之一。人们猎取黑犀牛的目的是为了它们的角，因为黑犀牛的角被认为具有药用价值。现存的野生黑犀牛只有约3 000头，并且它们几乎全部生活在保护区内。

大熊猫是易危动物之一，因为它们只能在竹林里生活，而现在很多竹林都被毁掉了，大熊猫只能生活在中国的部分山区。大熊猫易危的另一个原因是它们产仔的数量很少。

大熊猫

每年都有许多我们不知道的物种灭绝。许多灭绝的生物都是小型的动植物，不像老虎和熊猫那样为人熟知。

老 虎

由于人类的猎杀和栖息地的减少，老虎也是濒危动物。有的老虎被偷猎，有的老虎因为对人类和家畜造成威胁而被杀害，并且它们曾经生活的森林，很多都被砍伐消失了。现今在动物园和保护区里的老虎可能比野生老虎的数量还要多。

是对还是错？

欧洲赤松是濒危树种。这句话对吗？

（答案见第31页）

27

哪种动物的迁徙是陆地上迁移距离最长的？

动物迁徙是指动物在每年的某个时期从一个地方迁移到另一个地方的行为。北美驯鹿的迁徙是陆地上迁徙距离最长的。每年夏季，成千上万的驯鹿跋涉 5 000 千米到北极寻找食物、抚育后代；到了冬季，它们又返回南方。

驯鹿

28

在欧洲，驯鹿被称为"角鹿"。

是对还是错？

座头鲸每次洄游的距离长达4 000千米。这句话对吗？

（答案见第31页）

距翅雁

每年，距翅雁都会进行马拉松似的迁徙，往返于欧洲、亚洲和非洲之间。当天气转冷，食物变得稀少的时候，距翅雁就会迁徙到其他地区。

29

词汇

标本　经过处理后，可以长久保存，并保持实物原样的动物、植物、矿物。

动物迁徙　动物在每年的某个时期从一个地方迁移到另一个地方的行为。

动物伪装　动物特殊的身体构造、形状、颜色，能使它们与周围环境融为一体。

浮力　浸在液体或气体里的物体受到液体或气体竖直向上托的力。

海绵动物　最原始、最低等的多细胞动物，体壁上有许多小孔。

滑翔　不依靠动力，利用空气浮力在空中滑行。

犄角　本书中指动物头上长出的坚硬的东西，一般细长而弯曲，上端较尖。

獠牙　哺乳动物上颌骨或下颌骨上长出的发育非常强壮、没有牙根、不断生长的牙齿。

猎物　被其他动物猎杀、吃掉的动物。

掠食动物　猎杀其他动物为食的动物。

灭绝　不再在地球上出现。

疟疾　因按蚊叮咬或输入带疟原虫者的血液而感染的传染病。

栖息地　某种植物或者动物的自然生长环境。

犬齿　人类和大多数动物门齿左右的尖牙。

热带地区　在北回归线和南回归线之间的炎热多雨的地区。

肉食性动物　主食为肉类的动物。

授粉　传播花粉，使植物得以繁衍的行为。

物种　形态特征、生活习性、繁殖方式相近的生物群体。

翼展　本书中指鸟类伸展翅膀时左右翅尖的直线距离。

雨林　雨水充足、植物茂密的森林。

植食性动物　主食为植物的动物。

阻力　妨碍物体运动的作用力。

答案

第7页　正确！大多数细菌都非常小，肉眼根本看不到。一个针头就能容纳成千上万个细菌。

第11页　正确！科学家认为，地震龙的体长可达42米。

第13页　正确！巴西漫游蜘蛛释放的毒素可导致肿胀、发热和呼吸困难，已经有人因此而死亡。蜘蛛致命的毒液能防止猎物逃跑。

第15页　错误！世界上已知的最古老的海洋生物是一只蛤蜊，年龄高达400多岁。

第17页　正确！自由女神像只有93米高。

第19页　正确！巨型食鸟蜘蛛是狼蛛的一种，足展达30厘米。

第23页　正确！达尔文雀能使用树枝把藏在树皮下的昆虫挑出来。

第25页　正确！巨型乌贼眼睛的直径可达40厘米。

第27页　错误！欧洲赤松并不是濒危树种，但是很多其他树种面临着灭绝的危险，比如大叶桃花心木。大叶桃花心木被大量砍伐用作高级木材，但是人们往往没有种植足够的新木替代伐木。

第29页　错误！座头鲸迁徙距离约为5 000千米。

巨型陆龟

37

索引 （按拼音首字母排序，粗体页码表示该页有关于该词的插图）

信天翁

巨型
竹节虫